Imker werden

FRANZISKA LIPP

Imker werden

Servus
DAS GROSSE KLEINE BUCH 20

Inhalt

… dass in den Bienen
ein Teil des göttlichen Geistes wohn
und ätherischer Hauch.

(Virgil)

*Meinen zwei Imkerlehrern Jakob
und Wast gewidmet.*

Vorwort

Die Imkerei ist eine wunderbare Freizeitbeschäftigung. Sie umfasst weit mehr als die Arbeit mit den Bienen. Sie ist auch eine Einladung, sich mit der Natur und ihren Jahreszeiten auseinanderzusetzen. Die Gläser voll goldenem Honig sind ein köstlicher Lohn für Arbeit und Einsatz. Bienen sind wichtig für uns Menschen und für ein intaktes Ökosystem: Sie zu schützen, sollte uns allen am Herzen liegen.
Wer sich als Imker versuchen möchte, tritt in die Fußstapfen berühmter Menschen: Johann Wolfgang von Goethe, Leo Tolstoi und Sylvia Plath teilten dieselbe Leidenschaft. Um Imker zu werden, braucht es nicht viel Mut. Schauen Sie einem erfahrenen Imker über die Schulter und finden Sie heraus, ob eigene Bienen Ihr Leben bereichern würden.
Mit diesem kleinen Büchlein möchte ich Sie an die Hand nehmen und Ihnen Lust auf die Imkerei machen. Es wäre vermessen zu denken, nach dem Lesen dieser paar Seiten würden Sie bereit sein, Ihre eigenen Bienenvölker in den Garten, auf die Terrasse oder den Balkon zu stellen.

Aber alles beginnt mit einem Gedanken, einer Idee …

Ihre Franziska Lipp

Honig ist ein hochwertiges Naturprodukt und eine kostbare Zutat in der Küche.

Bienenhaltung

Checkliste für Imker-Neueinsteiger

Überprüfen Sie, ob Bienenhaltung ein geeignetes Hobby für Sie wäre:

1. **Bienen machen Ihnen keine Angst, und Sie haben Lust, mit Tieren zu arbeiten.** Das ist wohl die Grundvoraussetzung, um Imker zu werden. Das Bienenjahr hat mehr oder weniger intensive Phasen, aber der Imker hat für seine Bienen zu sorgen.
2. **Sie verfügen über einen geeigneten Platz zum Aufstellen Ihrer Bienenstöcke.** Wichtig dabei sind die Mindestabstände zu Nachbarn, das Einverständnis des Eigentümers des Grundstücks, auf dem die Bienenstöcke stehen, und eine abwechslungsreiche Landschaft.
3. **Sie reagieren nicht allergisch auf Bienenstiche.** Eine Bienenstichallergie, von der rund acht Prozent aller Menschen betroffen sind, sollte ausgeschlossen werden können. →

Der Imker trägt für seine Bienen Sorge: Ihr Wohlergehen ist oberstes Gebot.

⟨4⟩ **Sie können von Anfang Mai bis Mitte August auf einen längeren Urlaub verzichten.** Während dieser Monate herrscht Hochsaison im Bienenstock. Nun sollten Sie zumindest alle acht bis zehn Tage zu Ihren Bienen gehen.

⟨5⟩ **Sie haben die finanziellen Möglichkeiten, Anschaffungen zu tätigen.** Als Imker brauchen Sie nicht nur Bienen, sondern auch notwendige Gerätschaften. In Österreich gibt es Neueinsteiger-Förderungen. Voraussetzung dafür ist die Absolvierung eines Imker-Grundkurses.

⟨6⟩ **Sie haben Lust, einem Verein beizutreten.** Ein erfahrener Imker, der Ihnen mit Rat und Tat zur Seite steht, ist Gold wert. Außerdem bleibt man im Verein auf dem Laufenden.

⟨7⟩ **Sie können mit Enttäuschungen leben.** Bienenvölker können schwärmen, erkranken oder sterben. Daran sollten Sie als Imker nicht verzweifeln. Wichtig ist, mit viel Geduld und Gelassenheit weiterzuarbeiten.

⟨8⟩ **Sie haben Platz zum Arbeiten, zur Lagerung von Geräten und Honigvorräten.** Waben, Rähmchen und Zargen brauchen Platz, ebenso Tätigkeiten wie Schleudern oder Abfüllen. Eine absperrbare Hütte, Garage oder eine Honigküche sind ideal.

⟨9⟩ **Sie haben potenzielle Abnehmer für Ihren Honig.** Es wäre schade, wenn Sie auf Ihrem wertvollen Honig sitzen blieben. Direktvermarktung ist der beste Weg.

⟨10⟩ **Sie haben Zeit und Lust, sich weiterzubilden.** Die Imkerei ist „learning by doing“. Sie sollten am Ball bleiben, Fachzeitschriften lesen und sich beständig fortbilden.

Pro Bienenstock benötigt man nicht mehr als einen Quadratmeter Fläche.

Der richtige Standort für Bienenstöcke

Bei der Wahl des richtigen Standorts Ihrer Bienenstöcke sollten Sie beachten, dass diese vor Wind und extremer Sonneneinstrahlung geschützt sind. Ab dem Nachmittag sollte die Flugfront beschattet sein. Der Standort sollte gut mit dem Auto erreichbar sein, um das Arbeiten zu erleichtern. Zu vermeiden sind stark frequentierte Wege, Senken oder Talsohlen.

Wiesen, Obstbäume und Wald: Bienen lieben eine abwechslungsreiche Landschaft.

Der Bienenstock muss stabil auf einem sicheren Fundament stehen. Die Fluglöcher sollten sich gut einen halben Meter über dem Boden befinden und können mit Farben oder geometrischen Formen gekennzeichnet sein. Das erleichtert den Bienen die Orientierung.
Eine Süd-Ost-Ausrichtung ist ideal, aber nicht unbedingt erforderlich. Wichtig ist eine Wasserquelle. Diese kann auch selbst angelegt werden. Füllen Sie einen Trog mit Torferde und Wasser; kleine Mooskissen oder Rindenteile erleichtern den Bienen die Landung.

Bienen lieben Abwechslung

Bienen benötigen im Flugradius von gut drei Kilometern eine abwechslungsreiche Landschaft, um Nektar und Pollen eintragen zu können. Sie bevorzugen naturbelassene Landschaften, Obst- und Schrebergärten, wohingegen landwirtschaftliche Monokulturen oder Thujen verschmäht werden. Wer die Möglichkeit hat, sorgt im eigenen Garten für eine vielfältige Bienenweide. Viele Gärtnereien haben Bienenpflanzen im Sortiment.

Reiche Tracht

Wenn Imker von der „Tracht" sprechen, meinen sie die Zeit, in der die Bienen Honig produzieren. Die blühenden Pflanzen locken mit Nektar, den die Bienen sammeln, wobei sie zugleich die Bestäubung vornehmen. Als Erstes blühen im Frühjahr Krokus, Winterling und Schneerose, ab März wächst mit Schlüsselblume und Huflattich die erste Entwicklungstracht heran. Zu den wichtigsten Massentrachten zählen Weide, Löwenzahn, Raps, Obstbaum- und Lindenblüte. Wichtig für den Imker ist auch die Waldtracht ab Juni. Dabei holen sich die Bienen Honigtau von Blatt-, Schild- und Rindenläusen.

Ausrüstung und Ausbildung

Bienen kaufen

Wer Bienen kaufen möchte, sollte sich zuallererst mit regionalen Imkervereinen in Verbindung setzen. Diese helfen gerne weiter, denn die Bienen werden auf Rähmchen transportiert, und diese müssen in Ihre Beute passen. Wer in Österreich die Neueinsteiger-Förderung in Anspruch nehmen möchte, muss den Kauf von drei Kunstschwärmen und drei Reinzuchtköniginnen nachweisen.

Beuten und Rähmchen

Die Behausung der Bienen wird im Fachjargon „Beute“ genannt. Diese gibt es aus Holz, Styropor oder Kunststoff und in unterschiedlichen Größen. Es ist ideal, sich für ein Maß zu entscheiden, das in Ihrem Im-

Ein Drittel an Rähmchen und Waben sollte jährlich erneuert werden.

kerverein verwendet wird, sodass Rähmchen oder Zargen auch ausgetauscht werden können. Bei den Beuten unterscheidet man zwischen Ober- und Hinterbehandlern. Oberbehandler sind praktischer in der Handhabung und beliebig erweiterbar.

Die wichtigsten Rähmchenmaße (Länge x Höhe/Außenmaße):

Einheitsmaß/Deutsch Normalmaß:	370 x 223 mm
Dadant:	460 x 270 mm
Langstroth:	448 x 232 mm
Zander:	420 x 220 mm
Kuntzsch:	330 x 250 mm
Kleines Hoffmann:	394 x 260 mm
Österreichische Breitwabe:	426 x 255 mm

Der örtliche Imkerverein und erfahrene Imker sind erste Anlaufstelle für Imker-Neueinsteiger.

1
2
3
4
5
6
7
8
9
10
11

Aufbau einer Magazinbeute mit Variante Kalt- bzw. Warmbau

1. **Wetterbeständiger Deckel,** bestehend aus Folie, Innendeckel und Blechhaube.
2. **Futterwanne** aus Kunststoff mit Loch. Diese wird nur zur Fütterung aufgesetzt.
3. **Flachzarge** für den Honigraum. Sie ist vom Gewicht her leichter und damit einfacher in der Handhabung.
4. **Vollzarge** für den Honigraum. Die Magazinbeute kann während des Bienenjahres beliebig um bis zu vier oder fünf Zargen erweitert werden. In einer Zarge haben zehn Rähmchen (im Einheitsmaß) Platz. Hängen die Rahmen längs zum Flugloch, spricht man von Kaltbau.
5. **Absperrgitter,** damit die Königin keine Eier im Honigraum legt.*)
6. **Obere Brutraumzarge.** Die Kirschblüte ist meist der Zeitpunkt zur ersten Erweiterung des Bienenvolkes.
7. **Untere Brutraumzarge.** Überwintert wird ein Bienenvolk auf ein bis zwei Zargen. Hängen die Waben parallel (quer) zum Flugloch, spricht man von Warmbau. Innerhalb einer Beute entscheidet man sich entweder für Kalt- oder für Warmbau.
8. **Gitter als Bausperre,** damit die Bienen nicht nach unten bauen können.*)
9. **Flugloch mit Gitter** für den Mäuseschutz im Winter.
10. **Stockwindel zur Varroa-Kontrolle.** Diese wird nur zu bestimmten Zeiten eingesetzt, ansonsten ist der Boden nach unten hin nur mit einem Gitter verschlossen.
11. Das solide **Fundament** eines Bienenstockes.

*) Absperrgitter und Bausperre sind nicht zwingend!

TIPP:
Übernehmen Sie keine gebrauchten Waben oder Rähmchen. Gebrauchte Zargen sollten durch Abflammen mit einem Bunsenbrenner desinfiziert werden.

Smoker, Abkehrbesen und Stockmeißel gehören zur Grundausrüstung jedes Imkers.

Grundausrüstung für den Anfang

Schleier (als Hut oder Teil eines Anzugs oder Hemdes)

Arbeitshandschuhe aus Leder

Smoker oder in Nelkenöl getränktes Tuch

Stockmeißel · Abkehrbesen

Rähmchen · Mittelwände

Stockwindel zum Einschieben

Futtereimer, -ballon oder -wanne

Entdeckelungsgeschirr und -gabel

Honigschleuder · Zweiteiliges Honigsieb

Honigeimer und Gläser

Sonnenwachsschmelzer

Schnupperkurse und Ausbildung

In den Bundesländern gibt es Landesvereine oder -verbände, die in den Gemeinden wiederum Ortsgruppen unterhalten. Sie finden die Kontakte dafür weitgehend über das Internet. Hier erfahren Sie auch, wo und wann Neueinsteigerkurse oder Fortbildungen angeboten werden.

Ein paar rechtliche Dinge

1. In einigen österreichischen Bundesländern gibt es gesetzliche Bestimmungen, die die **Carnica** als Bienenrasse vorschreiben.
2. Zum Aufstellen von Bienenstöcken müssen **Mindestabstände zu Nachbargrundstücken** beachtet werden. Diese **variieren** von Bundesland zu Bundesland.
3. Ein Bienenschwarm gehört **dem Eigentümer des Grundstücks,** auf dem sich der Schwarm befindet.
4. Beim Verkauf von Honig gilt es, genaue **Etikettierungsrichtlinien** einzuhalten.

Von erfahrenen Imkern können Neueinsteiger viel lernen.

Die Honigbiene

Nutztier und kleines Wunder

Die verbreitetste Bienenrasse Österreichs ist die Carnica, während die ursprünglich hier beheimatete „Dunkle Biene“ mittlerweile vom Aussterben bedroht ist. So klein sie auch ist, so groß ist der Anteil der Biene am Wohl der Menschheit. Nach dem Rind und dem Schwein gilt sie als drittwichtigstes Nutztier. Denn während die Biene Nektar sammelt, tut sie etwas, was für uns Menschen überlebenswichtig ist: Sie bestäubt bis zu 80 Prozent aller Nutz- und Wildpflanzen. Damit ist sie dafür verantwortlich, dass die Himbeersträucher oder Apfelbäume in Ihrem Garten Früchte tragen. Ohne die Biene würde es um ein Drittel weniger Lebensmittel geben.

Dabei haben es Bienen jedoch zunehmend schwer. Monokulturen in der Agrarwirtschaft, großflächiger Anbau von nur wenigen Nutzpflanzen (Mais etc.), der Einsatz bienenschädlicher Pflanzenschutzmittel und die Varroa-Milbe stellen eine reale Bedrohung für die Tiere dar. Schon kleine Mengen an Pestiziden greifen das Nervensystem der Bienen an und machen sie orientierungslos.

Was die Bienen leisten

⟨1⟩ Nur 0,05 Gramm Nektar haben in der Honigblase einer Biene Platz. Für ein Glas Honig legt eine Biene, je nach Landschaft, zwischen 75.000 und 200.000 Kilometer zurück.

⟨2⟩ Im Frühsommer verlässt eine Sammlerin täglich bis zu 13-mal den Bienenstock, fliegt bis zu 70 Kilometer am Tag und bestäubt dabei mehrere Hundert Blüten.

⟨3⟩ Der Flugradius von Bienen beträgt fünf Kilometer rund um ihren Bienenstock; sie schaffen eine Fluggeschwindigkeit von 30 km/h.

Den Bienen Gutes tun

⟨1⟩ Über 500 Wildbienenarten gab es einst in Deutschland. Diese Zahl ist bereits stark gesunken. Insektenhotels und Hecken bieten wichtigen Unterschlupf.

⟨2⟩ Sorgen Sie für Vielfalt in Ihrem Garten und entscheiden Sie sich lieber für eine Blumenwiese als für einen englischen Rasen.

⟨3⟩ Töten Sie niemals mutwillig eine Biene.

Die drei Bienenwesen

Vom Frühling bis in den Hochsommer leben im Bienenstock drei Bienenwesen. Zu diesem Zeitpunkt umfasst das Volk zwischen 70.000 und 80.000 Bienen, wohingegen mit nur rund 6.000 bis 10.000 Bienen überwintert wird.

Honigbiene. *a* Arbeiter, *b* Drohnen, *c* Königin (nat. Gr.).

Königin („Weisel“)

Jedes Volk hat eine Königin, die einzig und allein die Aufgabe hat, Eier zu legen. Bis zu 2.000 legt sie im Frühling und im Sommer pro Tag. Eine Königin hat eine Lebensdauer von fünf bis sechs Jahren und ist das „Herz“ eines Volkes. Dass sie überhaupt zur Königin wurde, darüber haben die Arbeiterbienen entschieden. Denn auch eine Königin entsteht aus einem ganz normalen befruchteten Ei. Dieses wird jedoch mit einem speziellen Futtersaft, dem Gelée royale, gefüttert. Die Königin schlüpft nach 17 Tagen.
„Weiselzellen“ sind leicht zu erkennen. Sie werden bis zu drei Zentimeter groß, sind nach unten gebaut und befinden sich meist an den Außenrändern oder Ecken von Waben.

Arbeiterbiene

Eine Arbeiterin ist ein Weibchen mit verkümmerten Eierstöcken. Die Entwicklungszeit einer Arbeiterbiene vom Ei bis zum Schlüpfen dauert 21 Tage. Eine Sommerbiene lebt zwischen 40 und 50 Tagen. Im

Die drei Bienenwesen eines Volkes: Arbeiterbiene, Drohne und Königin (von links)

Laufe ihres Lebens übernimmt sie unterschiedliche Aufgaben im Bienenstock. In den ersten drei Wochen ist sie für Stockpflege und Putzarbeiten, danach für das Füttern der neuen Brut und schließlich für den Wabenbau zuständig. Dann wird sie zur Wächterbiene am Flugloch, und erst in ihrem fünften Lebensabschnitt zur Flugbiene. Ganz zuletzt übt sie die Funktion der Wehrbiene zur Verteidigung des Stockes aus. Ab August schlüpfen die langlebigen Winterbienen, die bis zum Frühling überleben.

Drohne

Die männlichen Drohnen entstehen aus unbefruchteten Eiern. Von ihnen gibt es pro Volk einige Hundert: Ihre Entwicklungszeit beträgt 24 Tage, ihre Lebensdauer liegt bei 30 bis 40 Tagen. Drohnen sterben nach dem Hochzeitsflug mit der Königin – diese Ehre wird aber nur einem erlesenen Kreis zuteil. Die anderen verenden bei der Drohnenschlacht am Ende der Vermehrungszeit. Zum Hochzeitsflug treffen sich die Königin und die Drohnen fremder Bienenvölker hoch in der Luft.

Komplexe Kommunikation

Ein Bienenvolk ist ein hervorragend organisierter Staat, in dem jedes einzelne Tier seinen Arbeitsplatz hat. Erfahrene Imker kennen auch die „Persönlichkeiten" ihrer Völker, der vom Charakter der Königin bestimmt wird. Wissenschaftler und Neurobiologen beschäftigen sich intensiv mit dem Gehirn von Bienen, und immer wieder werden erstaunliche Studienergebnisse veröffentlicht. So etwa, dass die Aufgabe der Biene ihren Schlafplatz im Stock bestimmt oder dass Bienen zählen und denken können.

Der Imker „stört" das Volk

Für Imker sind diese wissenschaftlichen Erkenntnisse interessant, für die Praxis aber nicht unbedingt notwendig. Dennoch gibt es einige Punkte, die Sie über die Kommunikation der Bienen untereinander wissen sollten. Wann immer Sie einen Blick in Ihren Bienenstock werfen, muss Ihnen klar sein, dass es sich für die Bienen um eine Störung handelt. Bienen leben in völliger Dunkelheit. Außerhalb des Stockes orientieren sie sich mithilfe eines Navigationssystems, als Orientierung dient ihnen auch der Stockgeruch. Als Imker sollten Sie zügig arbeiten und unnötige Störungen vermeiden.

Aufschlussreiche Fluglochbeobachtung

Die Fluglochbeobachtung liefert wichtige Erkenntnisse über ein Bienenvolk und ist für einen Imker unerlässlich. Fliegen etwa an einem warmen Sommertag nur wenige Bienen herum, ist das ein Zeichen, dass im Stock etwas nicht stimmt. Kommt es hingegen am Flugloch zu Kämpfen zwischen Bienen, könnte das ein Zeichen dafür sein, dass eine Trachtlücke aufgetreten und wenig Nektar zu holen ist. Dann kann es passieren, dass ein starkes Bienenvolk ein schwächeres ausraubt. Nehmen Sie sich jeden Tag ein paar Minuten Zeit und werden Sie zum Beobachter.

Was ist los im Bienenvolk? Jede Stockinspektion beginnt am Flugloch.

Tanzen und fächeln

Bienen tanzen und fächeln, um wichtige Informationen an ihre Mitbewohnerinnen weiterzugeben. Befindet sich beispielsweise eine ergiebige Trachtquelle in bis zu 50 Meter Entfernung, teilen Bienen das mit dem „Rundtanz" mit. Liegt die Trachtquelle weiter als 50 Meter entfernt, gibt der „Schwänzeltanz" Aufschluss über Himmelsrichtung und Entfernung. Auch bei einem Schwarm wird getanzt: Sogenannte Spurbienen machen sich auf die Suche nach einer neuen Behausung. Haben sie diese gefunden, kehren sie zum Schwarm zurück und beginnen zu tanzen. So erzählen sie den anderen Bienen, wo die neue Behausung liegt.

TIPP:
Bei Heuschnupfen und Gräserallergien wird immer wieder dazu geraten, täglich einen kleinen Löffel regionalen Honig zu essen.

Honig und weitere Bienenprodukte

Naturprodukt Honig

Wer als Imker das erste Glas voll goldenem Honig in Händen hält, empfindet Glück und Stolz. Der Honig ist die schönste Nebensache beim Imkern! Dafür haben die Bienen ganze Arbeit geleistet: Nektar und Honigtau wurden von den Sammlerinnen in der Honigblase in den Stock getragen. Stockbienen haben ihn einander weitergegeben, mit Speichel vermischt und mit körpereigenen Sekreten angereichert. Nach der Einlagerung in den Waben wird der Honig verdeckelt, und während des Reifeprozesses verdunstet das Wasser. Guter Honig verfügt über maximal 18 % Wasser und kristallisiert mit der Zeit. Ein Zeichen, dass er nicht erhitzt wurde und noch alle Inhaltsstoffe besitzt. Gerührter Blütenhonig bleibt hingegen cremig.

Unbehandelter Honig, der nicht erhitzt wurde, kristallisiert mit der Zeit. Ein gutes Zeichen!

Reichhaltig und köstlich

Mehr als 200 Inhaltsstoffe wie Mineralstoffe, Fermente und Spurenelemente stecken im Honig. Dabei verfügt er über eine höhere Süßwirkung, weniger Kalorien und weniger Glukose als raffinierter Zucker. Zum Backen eignet sich Honig sehr gut: Dabei können 100 Gramm Zucker mit 70 Gramm Honig aufgewogen werden. Blütenhonig ist heller als Waldhonig und verfügt über mehr Inhaltsstoffe, wohingegen der Mineralstoffgehalt beim Waldhonig höher ist.

Das Honigetikett

Folgende Angaben müssen in Österreich bei der Direktvermarktung auf dem Glas vermerkt sein:

1. Bezeichnung „Honig" und Ursprungsland („Echter österreichischer Bienenhonig")
2. Name und Adresse des Imkers
3. Nettofüllmenge (eichfähige Waage)
4. Honigsorte (Blütenhonig, Blütenhonig-Creme, Blüten- mit Waldhonig, Waldhonig)
5. Mindesthaltbarkeit (3 Jahre)
6. Lagerbedingungen (Lichtgeschützt, kühl und verschlossen lagern)

Wer mit Honig bäckt, braucht etwas weniger Flüssigkeit und mehr Backpulver.

Weitere Bienenprodukte

Neben dem Honig gewinnen Imker weitere Bienenprodukte wie etwa Wachs, Wabenhonig, Propolis, Pollen, Bienenbrot oder Gelée royale. Alle diese Produkte sind der menschlichen Gesundheit äußerst zuträglich, dienen der Wundheilung und Körperpflege. Allerdings sind nicht alle ganz einfach in der Gewinnung.

Wabenhonig

Honig, der direkt in der Wabe verkauft wird, gilt als Delikatesse. Da die Waben mitgegessen werden, müssen diese von höchster Qualität sein. Die Waben sind nach dem Herausschneiden nicht mehr verwendbar.

Pollen und Bienenbrot

Pollen sind für Bienen Eiweiß- und Fettlieferant; als „Bienenbrot" sind sie Nahrung für die Brut. Um Pollen zu gewinnen, müssen an allen Fluglöchern Pollenfallen mit Abstreifkämmen angebracht werden: Die beste Zeit dafür ist im Mai, für jeweils 14 Tage. Die Pollen müssen täglich entnommen und tiefgefroren oder gedörrt werden. Pollen stärken das Immunsystem, regulieren die Darmtätigkeit und gleichen Mangelerscheinungen aus. Einfach ins Müsli oder Joghurt einrühren.

Gelée royale

Der Futtersaft für eine Königin wird als Gelée royale bezeichnet. Er ist reich an Aminosäuren und gilt als wahres Anti-Aging- und Schönheitselixier. Die Gewinnung überlässt man besser den Profis.

Propolis

Unter Propolis versteht man Kittharz, mit dem Bienen alle Ritzen ihrer Beute abdichten. Mit seiner antibiotischen, antiviralen und fungiziden Wirkung schützt es Bienen vor Krankheitserregern. Propolis kann sowohl innerlich als auch äußerlich angewendet werden und hilft bei Fieberblasen, Zahnfleischentzündungen, Furunkeln, Warzen, Erkältungen etc. Propolis kann am einfachsten in der Zeit von der Sommersonnwende bis zur ersten Varroa-Behandlung (ca. 20. Juli) gewonnen werden.

Herstellung von Propolislösung

Propolisgitter von 21. Juni bis 20. Juli auf die Rähmchen legen. Nach der Entnahme wird dieses für 24 Stunden tiefgekühlt, danach das Kittharz abschaben und mit der Kaffeemühle fein mahlen. Die Masse in einem Glas mit 96 %igem Ethylalkohol bedecken und drei Wochen an einen dunklen Platz stellen. Glasinhalt täglich zwei- bis dreimal schütteln. Die Lösung durch einen Kaffeefilter gießen und abfüllen.

Herstellung von Propolis-Lippenbalsam

20 g kalt gepresstes Olivenöl oder Jojobaöl
10 g Bienenwachs · 10 g Honig
10 Tropfen Propolis-Tinktur oder ätherisches Öl

Öl und Wachs im Wasserbad erwärmen und schmelzen lassen. Honig und Propolistropfen einrühren und rasch in Töpfchen oder Lippenstifthülsen abfüllen.

Schädlinge und Brutkrankheiten

Schädlinge können ein Bienenvolk beeinträchtigen oder den Bienenstock beschädigen. Hier ein kleiner Überblick, welche ungebetenen Gäste Sie im Auge behalten sollten. Dabei sollten Sie allerdings beachten, dass die sogenannten Schädlinge oft unter Naturschutz stehen – so etwa die Spitzmaus, der Specht oder die Hornisse.

Mäuse

Mäuse ziehen nur zu gerne in Bienenstöcken ein: Sie fressen sowohl Bienen als auch Honig und Pollen. Zum Glück sind die Nager aber schnell entdeckt, da sie viel Mist machen.

Wann ist die Gefahr am größten? Spätherbst bis Frühjahrsbeginn.

Was können Sie dagegen tun? Verkleinern Sie das Flugloch ab Ende September auf einen halben Zentimeter oder setzen Sie ein Schutzgitter ein.

Feinde lauern im Stock und außerhalb: Viele Bienen kehren von ihren Flügen nicht mehr zurück.

Wächterbienen am Flugloch haben die Aufgabe, ungebetene Gäste abzuwehren.

Wachsmotten

Die Rankmaden der Wachsmotte fressen sich durch Waben und können in kürzester Zeit großen Schaden anrichten. Durch ihren Kot können zudem Krankheiten und Seuchen übertragen werden. Wachsmotten kommen vor allem in geschwächten Bienenvölkern vor und zählen zu den gefährlichsten Schädlingen.

Wie erkennt man Wachsmotten? Falter im Bienenstock, Fraßgänge und weiße Gespinste.

Was können Sie dagegen tun? Bebrütete Waben regelmäßig aussortieren und getrennt aufbewahren. Im Frühjahr den Bienenstock sorgfältig reinigen. Wer bebrütete Waben überwintern möchte, sollte diese für 24 Stunden tiefgefrieren oder schwefeln.

Wespen

Wespen lieben süßen Honig und sind Fleischfresser: Somit können sie vor allem im Spätsommer eine echte Bedrohung für Ihre Bienen werden, vor allem, wenn es sich um ein schwaches Volk handelt.
Wie erkennt man Wespenbefall? Achten Sie bei der Fluglochbeobachtung, ob Wespen ein- und ausfliegen.
Was können Sie dagegen tun? Sowohl im Frühjahr (bei den Wespen überwintern nur die Königinnen) als auch ab Spätsommer Fangflaschen aufstellen, die zu einem Viertel mit Bier, Saft oder Zuckerwasser gefüllt sind. Ab August bis zum ersten Frost das Flugloch verkleinern.

Brutkrankheiten

Die Amerikanische Faulbrut ist nach der Varroose die zweithäufigste Brutkrankheit; sie ist nach dem Bienenseuchengesetz anzeigepflichtig. Die Krankheit wird durch Räuberei, Schwärme und Drohnenflug übertragen; auch das Füttern der eigenen Völker mit fremdem Honig kann die Krankheit übertragen. Sie erfordert bei Auftreten umfangreiche Sanierungsmaßnahmen.
Zu erkennen ist die Amerikanische Faulbrut am lückenhaften Brutnest und an der fadenziehenden Masse in den befallenen Brutzellen. Stark befallene Völker bzw. Bienenstände müssen vernichtet werden.

Die Aufgaben des Imkers im Bienenjahr

Praktische Arbeiten im Bienenjahr

Verhalten am Bienenstand

Bienen sind feinfühlige Wesen. Ähnlich wie andere Tiere reagieren auch sie auf ihre Umgebung, auf Menschen und Stimmungen. Ich finde es immer wieder interessant zu sehen, wie sehr die Bienen die eigene Gemütslage widerspiegeln. Die Imkerei bietet Ihnen die Möglichkeit, ganz im Hier und Jetzt anzukommen. Sie sollten sich voll und ganz auf die Tiere und die Arbeit einlassen, damit Sie es auch genießen können. Bei heranziehenden Gewittern reagieren Bienen allgemein gereizt.

Smoker oder Zigarillo: Rauch besänftigt die Bienen und manchmal auch den Imker.

Kleine Checkliste, bevor Sie zu Ihren Bienen gehen

⟨1⟩ **Wonach rieche ich?** Bienen reagieren auf Angstschweiß, Parfüm, Kosmetika oder Haarspray. Verzichten Sie auf Letztere besser!

⟨2⟩ **Ist meine Ausrüstung komplett?** Jeder Imker hat seine eigenen Hilfsmittel wie Smoker, Schleier etc.

⟨3⟩ **Habe ich genügend Zeit?** Arbeiten Sie nie unter Zeitdruck, denn bei der Durchsicht Ihrer Völker kann es immer wieder vorkommen, dass ungeplante Arbeiten anfallen.

⟨4⟩ **Bin ich entspannt?** Bewegen Sie sich ruhig und gelassen am Bienenstand und verzichten Sie auf große Gesten. Bienen nehmen nur schnelle Bewegungen wahr.

⟨5⟩ **Habe ich meine Aufzeichnungen zur Hand?** Notizen erleichtern die Arbeit, geben Aufschluss über die Stockinspektionen und Arbeiten im Bienenjahr.

Was tun bei einem Bienenstich?

Sollten Sie von einer Biene gestochen werden, entfernen Sie den Stachel durch Herausziehen oder Wegkratzen. Vermeiden Sie es, die Haut zusammenzudrücken. Als Erste-Hilfe-Maßnahme eignen sich die Blätter von Spitzwegerich (rechts im Bild), Zwiebelscheiben, Eis oder kühlende Gels. Die Bienengiftreaktionen können unterschiedlich stark ausfallen und hängen vom Alter der Biene und von der Giftmenge ab. Für die Biene ist jeder Stich tödlich.

Ein Bienenvolk überwintert mit den Winterbienen,
die im Herbst schlüpfen und im Frühling sterben.

Ruhepause im Jänner und Februar

Das Bienenvolk umfasst im Winter ca. 6.000 bis 10.000 Winterbienen und ihre Königin. Die Bienen halten nun Winterruhe in Form einer „Wintertraube". In wärmeren Wintern kann es schon ab Mitte/ Ende Jänner eine neue Brut im Bienenstock geben. Mit Aufnahme der Bruttätigkeit steigt die Temperatur in der Wintertraube auf bis zu 35 Grad; der Honigverbrauch nimmt zu.
Ab 10 Grad Außentemperatur können Sie die ersten Bienen auf ihrem

Reinigungsflug beobachten: Die Bienen koten während des Fluges in der Nähe des Stockes ab.
Eine kritische Phase stellt die „Durchlenzung“ Ende Februar/Anfang März dar: Die Winterbienen sterben nach und nach, während erst sehr wenige Sommerbienen geschlüpft sind.

Aufgaben im Jänner

Rähmchen reparieren und Mittelwände einlöten
Material für die neue Saison anschaffen

Aufgaben im Februar

Kontrolle des Flugloches im Hinblick auf Vereisung, Schädlinge, Zustand des Volkes · Einsetzen der Stockwindel zur Überprüfung von Milben und Position der Wintertraube: Befindet sich diese im hinteren oberen Bereich der Zarge, kann das ein Zeichen dafür sein, dass die Vorräte knapp werden. · Futterkontrolle an einem wärmeren Tag Ende Februar/Anfang März; falls nötig, eine Futterwabe einhängen

---

Mit dem Bunsenbrenner
wird die Beute desinfiziert.

Reinigungsflüge und Frühjahrsrevision im März und April

Die Bienen haben bei 12 Grad ihren Reinigungsflug unternommen, und schon Ende März kann die Königin bis zu 10.000 Eier gelegt haben. Auch die ersten Drohnenzellen werden bestiftet, das heißt, die ersten Eier werden in die etwas größeren Drohnenzellen gelegt. Sowohl Platz- als auch Honigbedarf steigen. Die Bienen beginnen, Nektar und Pollen der ersten Frühlingsblumen einzutragen.

Ab April beginnt die große Blüte, und der Bautrieb der Bienen nimmt beständig zu. Die Bienen brauchen genügend Platz für die Brut sowie Raum für den ersten Honig. Beobachten Sie nun genau die Natur: Zur Kirschblüte im April ist es Zeit für die erste Erweiterung im Bienenstock.

Aufgaben im März

Wassertränke einrichten, Anleitung siehe Seite 12 · Der Futtervorrat muss für März noch gut 10 Kilogramm Honig betragen, das entspricht in etwa fünf vollen Waben. Reicht der Vorrat nicht, eigene Futterwaben einsetzen. · Frühjahrsrevision Ende März/Anfang April an einem warmen Tag (mind. 15 Grad): Kontrollieren Sie das Brutbild, den Wabenbau und die Stärke des Volkes. · Wechseln Sie das Bodenbrett aus und flammen Sie es zum Desinfizieren ab. · Schwache oder weisellose Völker auflösen: Dazu das Flugloch des betroffenen Volkes schließen und die Waben einige Meter vor den Fluglöchern der anderen Bienenstöcke abkehren, sodass die Bienen sich in einem fremden Volk „einbetteln“ können. Dabei langsam arbeiten, sodass die Bienen den Honigmagen noch füllen können. Brutwaben in anderes Volk einhängen.

Aufgaben im April

Falls schon Bautrieb vorhanden ist, Drohnenrahmen als Varroa-Maßnahme einhängen. · Erste Erweiterung der Beute (zweite Zarge mit zwei Brutwaben aus der ersten Zarge bestücken, links und rechts davon bebrütete Leerwaben, je zwei Mittelwände, ein Leerrahmen sowie ausgebaute unbebrütete Leerwaben am Rand einhängen). · Alte, dunkle Leerwaben aussortieren: Ein Drittel des Altbestandes sollte generell jährlich erneuert werden.

Ein Bienenschwarm ist normalerweise friedlich.
Er lässt sich gerne auf Bäumen nieder.

Haupttracht im Mai

Die Bruttätigkeit der Königin steigt auf bis zu 2.000 Eier täglich. Von Anfang Mai bis Ende Juni sollten Sie regelmäßig kontrollieren, ob in den Völkern Schwarmstimmung herrscht. Das regelmäßige Kontrollieren jeder einzelnen Wabe ist nicht ratsam. Die alle sieben Tage durchgeführte Kippprobe, bei der die Brutwaben auf die Stirnseite gekippt und die Unterseite der Rähmchen kontrolliert werden, gibt Aufschluss über die Schwarmstimmung im Volk.

Aufgaben im Mai

Dritte Zarge bzw. Honigraum samt Absperrgitter aufsetzen (in der Mitte ausgebaute, unbebrütete Leerwaben, links und rechts davon Mittelwände). Achten Sie darauf, dass die Königin im Brutraum (erste und zweite Zarge) bleibt! · Achten Sie auf Zeichen von Schwarmstimmung wie etwa Weiselnäpfchen (vor allem auf Drohnenwaben und in Rähmchenecken), mehrere Bauanfänge oder die Abnahme des Bautriebes am Baurahmen. · Wöchentliche Kippprobe der Waben als geeignetes Mittel der Schwarmzellenkontrolle. · Verdeckelte Drohnenbrut ausschneiden (Varroa-Maßnahme), und zwar ca. drei Wochen nach der ersten Erweiterung. · Eine konsequente Drohnenbrut-Entnahme (alle 14 Tage) gilt als wichtige Maßnahme gegen Varroose.

Schwarmstimmung im Bienenvolk

Unter natürlichen Lebensbedingungen ist ein Schwarm die einzige Möglichkeit der Bienen, sich zu vermehren. Ist ein Volk in Schwarmstimmung, gibt es bereits im Vorfeld eindeutige Zeichen. Die Arbeiterbienen beginnen mit der Züchtung einer neuen Königin, die alte wird immer weniger gefüttert, bis sie kaum noch Eier legt, abnimmt und flugfähig wird. Gut sieben Tage bevor die neue, „junge" Königin schlüpft, zieht die alte mit der Hälfte des Volkes aus. Meist wird zwischen 10 und 15 Uhr bei sonnig-mildem Wetter ohne Wind geschwärmt.

Einen Schwarm einfangen

Wenn sich ein Bienenschwarm nicht verhindern ließ, sollten Sie diesen einfangen, um nicht bis zu 30.000 Bienen zu verlieren. Dazu benötigen Sie Ihren Schleier, Handschuhe, eine Schwarmkiste, eine Sprühflasche mit Wasser, ein wenig Geduld und für den Anfang auch Mut.

Beobachten Sie, wo sich der Schwarm niederlässt und benetzen Sie ihn dann mit ausreichend Wasser. Das macht die Bienen für kurze Zeit flugunfähig. Durch einen kräftigen Schlag gegen den Ast, an dem der Schwarm hängt, fällt ein Teil der Bienen in die Kiste. Die Schwarmkiste bleibt für zwei bis drei Stunden unter dem Baum stehen. Ist die Königin in der Kiste, so folgen alle anderen Bienen ihrem Duft, und Sie können das Volk am Abend in einen regulären Bienenkasten übersiedeln. Fliegen alle Bienen wieder aus, wiederholen Sie die Prozedur solange, bis der Schwarm bleibt. Am Abend sollten Sie das Volk unbedingt füttern, da die Vorräte in den Honigmägen aufgebraucht sind.

Jungvolkbildung

Besser als einen Schwarm zu fangen ist es, diesen zu verhindern: Durch vorausschauende Raumgabe, züchterische Bearbeitung und die Vorwegnahme von Schwärmen durch Jungvolkbildung gelingt das weitgehend. Hier zwei Maßnahmen, wie Sie ein neues Bienenvolk bilden können.

Brutableger im Juni

Zur Jungvolkbildung bestücken Sie eine Zarge mit fünf Brutwaben, zwei Futterwaben, einer Pollenwabe und zwei Mittelwaben – allesamt mit ansitzenden Bienen, jedoch ohne Königin. · Bringen Sie die Zarge an einen neuen Standort, mindestens fünf Kilometer vom ursprünglichen Standort entfernt und füttern Sie das Volk mit Flüssigfutter (Wasserbedarf!). · Nach neun bis zehn Tagen alle Weiselzellen bis auf eine ausbrechen oder alle Weiselzellen ausbrechen und eine neue Königin im Versandkäfig dazusetzen. · Führen Sie eine Varroa-Behandlung durch, sobald keine verdeckelte Brut mehr vorhanden ist. · Wichtig für den Transport im Auto: Zarge gut mit einem Gurt verschließen, Werkzeug, Rauch, Futter und Schleier nicht vergessen!

Flugling, wenn schon Schwarmzellen vorhanden sind

Ein Flugling sollte nur vormittags und bei schönem Wetter durchgeführt werden, denn die Flugbienen fliegen in das neu gebildete Volk. · Das alte Volk wird auf einen neuen Boden gesetzt und eine Brutwabe mit Weiselzelle daraus entnommen. · Eine neue Zarge mit zwei Futterwaben, einer Pollenwabe, drei ausgebauten Leerwaben und drei Mittelwänden herrichten (ohne ansitzende Bienen!) und auf den alten Boden stellen. Die Brutwabe samt Weiselzelle aus dem alten Volk in die Mitte hängen. Die Flugbienen kommen hierher und ziehen ihre neue Königin heran. · Das alte Volk verliert seine Schwarmlust, weitere Weiselzellen werden von den Bienen entfernt. · Das junge Volk füttern und eine Varroa-Behandlung durchführen, sobald keine verdeckelte Brut mehr vorhanden ist.

Hygiene ist das oberste Gebot beim Honigschleudern: Dazu gibt es eigene Seminare.

Honigschleudern im Juni

Der Juni ist der Erntemonat für Blütenhonig: Nun wird Honig geschleudert, sofern es eine gute Frühjahrstracht gab. Dazu muss eine Honigwabe zu gut zwei Dritteln verdeckelt sein. Die „Spritzprobe" stellt sicher, dass der Honig reif ist. Dabei die Wabe waagrecht halten und ruckartig kurz nach unten und oben bewegen. Tropft kein Honig aus den Waben, kann geschleudert werden. Brutwaben mit Honigkränzen werden nicht geschleudert!
Sollte es nach dem Schleudern eine längere Schlechtwetterperiode oder eine Trachtlücke geben, sollten Sie Ihre Bienen unbedingt füttern.

Bei einer Waldtracht beginnt ab Juni der Wald zu „honigen", sodass die Bienen nun Honigtau sammeln. Schildläuse treten in unterschiedlichen Jahreszyklen auf, Blattläuse können durch ein starkes Gewitter vernichtet werden. Daher ist eine Waldtracht nie sicher vorauszusagen.

Aufgaben im Juni

Auch im Juni bis Ende Juli sollten Sie wöchentlich Ihre Völker auf Schwarmstimmung hin kontrollieren und gegebenenfalls handeln. · Nun ist die beste Zeit, um Jungvölker oder Ableger zu bilden (siehe Seite 53). · Bei negativer „Spritzprobe" wird bei Schönwetter Honig geschleudert. Holen Sie sich dazu am besten Unterstützung, denn es ist viel zu tun. Die Waben müssen aus den Beuten geholt und die Bienen abgekehrt werden. Bringen Sie die Honigwaben in einer geschlossenen Zarge zur Weiterverarbeitung in einen dafür vorgesehenen Raum. Die Beuten werden mit Leerwaben und Mittelwänden neu bestückt. Die Honigwaben werden entdeckelt und geschleudert: Achten Sie dabei auf die Hygiene aller Geräte und Ihres Arbeitsumfeldes. Um Wachsrückstände im Honig zu vermeiden, lassen Sie ihn durch ein Sieb laufen. Abgefüllt wird er in Eimern oder in Gläsern. Zur Lagerung kann Honig tiefgefroren und bei Bedarf aufgetaut werden. Wird er nicht tiefgefroren, sollte er dunkel und nicht über 15 Grad gelagert werden. Der Honig wird mit der Zeit kristallisieren. Er kann dann zu Cremehonig gerührt oder im Wasserbad wieder vorsichtig verflüssigt werden. · Bei längerer Schlechtwetterperiode oder Trachtlücke nach dem Schleudern werden die Bienen gefüttert.

Die Honigwaben werden mit einer speziellen Gabel entdeckelt, bevor sie in die Zentrifuge zum Schleudern kommen.

Abschleudern, Wintersitz und Varroa-Behandlung im Juli und August

Das Bienenjahr endet um den 20. Juli. Nun wird zum letzten Mal Honig geschleudert („abschleudern") und der Wintersitz gerichtet. Dieses Datum gilt es einzuhalten, um die Varroa-Behandlung erfolgreich durchführen zu können (siehe Seite 59).

Mit dem „Abschleudern" beginnt auch die intensive Fütterungsphase der Bienen. Gefüttert wird bis Mitte September, erst halbwöchentlich, dann wöchentlich. Im August schlüpfen die ersten Winterbienen; der Sommer neigt sich dem Ende zu.

Aufgaben im Juli und August

Am 20. Juli zum letzten Mal Honig schleudern und Wintersitz richten: Beim „Abräumen“ werden nicht besetzte Zargen und der Honigraum entfernt. Die Stärke des Volkes entscheidet darüber, ob ein- oder zweizargig überwintert wird. · Schützen Sie entnommene Brutwaben durch Einfrieren oder Einschmelzen vor Wachsmotten. · Am Abend des „Abschleuderns“ müssen jedem Volk mindestens 10 kg Zuckerwasser oder fertiges Bienenfutter gefüttert werden (Zusammensetzung Zuckerwasser: drei Teile Zucker/zwei Teile Wasser). · Es ist die Zeit der intensiven Fütterungsphase von 20. Juli bis 15. September. · „Umweiseln“, falls die vorhandene Königin zu alt ist. · Zeit der Hauptentmilbung gegen Varroa-Milbe (siehe Seite 59). · Bei Wespenplage Flugloch verkleinern.

Die Varroa-Milbe

Vor gut vierzig Jahren kam die Varroa-Milbe von Asien nach Europa. Für unsere heimischen Bienen bedeutet sie ohne menschliche Hilfe den sicheren Tod. Die östliche Honigbiene hingegen hat sich an die Milbe angepasst und ist mit ihr eine Symbiose eingegangen. Der erste Varroa-Befall in Deutschland wurde 1977 nachgewiesen, in Österreich 1983. Seither hat ein europaweites Bienensterben eingesetzt.

Nur gemeinsam gewinnen Imker den Kampf gegen die Varroamilbe.

Der größte Schädling der Biene

Sie können Ihre Bienenvölker nicht vor der Milbe schützen, aber Sie können einem starken Milbenbefall entgegenwirken. Die Milbe ist ein Parasit und ernährt sich von Bienenblut. Da sich die Milben in der Bienenbrut fortpflanzen und entwickeln, werden bereits Bienenmaden geschädigt: Es schlüpfen lebensuntüchtige Bienen. Mit der Stockwindel können Sie feststellen, wie hoch der Milbenbestand ist. Auf der Stockwindel dürfen sich im Mai nicht mehr als drei, im Juni nicht mehr als zehn und im November nicht mehr als eine Milbe pro Tag befinden. Kontrollieren Sie das regelmäßig!

Integriertes Konzept zur Varroa-Behandlung

Für Neueinsteiger empfiehlt es sich, streng nach diesem Konzept zu arbeiten. Verzichten Sie auf Experimente!

Während der Trachtzeit

Regelmäßige Kontrolle der Stockwindel · Konsequente Drohnenbrutentnahme von April bis Ende Juni (alle 14 Tage) · Eventuell Brutableger machen und das Jungvolk einer Varroa-Behandlung unterziehen (siehe Seite 53)

Spätsommer

Nachdem die Bienen zum ersten Mal gefüttert wurden, folgt die Hauptentmilbung mit Ameisensäure oder Thymolpräparaten. Informieren Sie sich dazu in Ihrem Verein oder beim ansässigen Imkerbedarf. Achten Sie auf länderspezifische Zulassungen laut Tierarzneimittelgesetz. Die Dauer der Behandlung beträgt etwa mit ApiLife VAR vier Wochen (drei bis vier Behandlungen mit einer Wirkdauer von je sieben Tagen). · Sollte im September nach wie vor eine hohe Anzahl von Milben im Stock sein, müssen weitere Behandlungen folgen. Zwei Anwendungen im Abstand von 14 Tagen, z.B. mit „Bienenwohl".

Brutfreiheit

Die Restentmilbung folgt bei Brutfreiheit im Dezember, z.B. mit „Bienenwohl", einem Oxalsäureprodukt. Dabei wird einmal die Wabengassen entlanggeträufelt.

Die Bienen benötigen während der Wintermonate Energie, um die Temperatur konstant zu halten.

Vorbereitung auf den Winter im September und Oktober

Mitte September sollte die Fütterung abgeschlossen sein. Im Idealfall wurden gut 23 Kilogramm Futtervorrat pro Volk eingelagert.
Die Bruttätigkeit der Bienen endet im Oktober. Je nach Witterung und Temperatur ziehen sich die Bienen zwischen Flugloch und Futtervorräten zur Wintertraube zusammen. In deren Inneren befindet sich die Königin bei rund 25 Grad, an der Außenhaut der Wintertrau-

be liegt die Temperatur bei ca. 13 Grad. Die Bienen verändern ständig ihre Position in der Wintertraube; bei Störungen der Winterruhe verenden die Bienen, die sich an der Außenhaut befinden.

Aufgaben im September und Oktober

Machen Sie Ihr Bienenhaus winterfest, reinigen Sie alle Gerätschaften und räumen Sie gründlich auf. · Das Flugloch mit einem Gitter vor Mäusen schützen. · Wabenvorrat sortieren und entscheiden, welche davon überwintert werden. Bebrütete Waben getrennt lagern, um die Gefahr von Wachsmotten zu vermindern. · Bei einer Re-Invasion mit Varroa-Milben können Sie nun noch einmal aktiv werden (siehe Seite 59).

Im Herbst wird der Wabenvorrat sortiert.

Unnötige Störungen sollten während der Wintermonate verhindert werden: Die Bienen brauchen Ruhe!

Stille Zeit im November und Dezember

Auch für die Bienen beginnt nun die stille Zeit: Sie halten Winterruhe, bei wärmeren Temperaturen sieht man noch ab und zu eine Biene fliegen. Während es im Bienenhaus ruhig ist, hat der Honig nun Hochsaison: Beim Backen, auf dem Brot oder im Tee versüßt er den Winter und stärkt das Immunsystem.

Nun ist auch die richtige Zeit, um Kerzen aus Bienenwachs zu gießen.

Ihr Duft erinnert an den letzten Sommer. Ein Sonnenwachsschmelzer ist eine gute Anschaffung, um während der warmen Sommermonate aussortierte Waben selbst einschmelzen zu können. Dieses Wachs können Sie nun verwenden.

Aufgaben im November und Dezember

Nach einer längeren Frostperiode wird an einem wärmeren Tag (ca. 6 Grad) im Dezember die Restmilbenbehandlung mit Oxalsäure vorgenommen. Das Bienenvolk muss zu diesem Zeitpunkt brutfrei sein.

Weiterführende Literatur

Kaspar Bienefeld, ***Imkern Schritt für Schritt,*** Stuttgart: Kosmos 2005

Johannes Otto Hüsing/Joachim Nitschmann, ***Lexikon der Bienenkunde,*** München: Ehrenwirth 1987

James E. Tew, ***Bienenwissen. 500 bewährte Tipps für erfolgreiches Imkern,*** München: Frederking & Thaler 2014

Danksagung

Mein besonderer Dank gilt Andrea Altenberger, Direktorin der Landwirtschaftlichen Fachschule Winklhof, für ihr wertvolles Feedback.

Über die Autorin

Für Franziska Lipp gibt es nicht Schöneres, als von ihrem Schreibtisch aufzustehen, ihr Arbeitszimmer zu verlassen und zu ihren Bienen zu gehen. Schon beim Geruch von Wachs und Honig lässt sie alles hinter sich. Nun hat die Hobbyimkerin zwei ihrer großen Leidenschaften miteinander verbunden und ein Buch über das Leben und die Arbeit mit Bienen geschrieben. Franziska Lipp ist freiberufliche Texterin, Journalistin und Autorin und lebt in Salzburg.

FSC
www.fsc.org
MIX
Papier aus verantwortungsvollen Quellen
FSC® C012536

 Titelsatz aus einer Kalligrafie von Karl Starzer, Satz aus der Crimson sowie der Source Sans Pro · Medieninhaber, Verleger und Herausgeber: Red Bull Media House GmbH · Oberst-Lepperdinger-Straße 11–15 · 5071 Wals bei Salzburg, Österreich · Redaktion: Birgit Moltinger, Anja Kellner · Lektorat: Gudrun Likar · Art Direction: Peter Feierabend · Gestaltung und Satz: Conny Laue · Bilder: Cover: Alexander Maria Lohmann; Vorsatz: Alamy/Mauritius; Innenteil: S. 2, 6, 11, 12, 13, 14, 17, 20, 23, 31, 32, 35, 42, 46, 54, 56, 61 von Michael Reidinger; Bienen S. 10, S. 12, S.43, S. 47, S. 51, S. 52 Shutterstock, S. 16, S. 37, S. 47 Fotolia; S. 8, 27, 28, 38, 40 Alamy/Mauritius Images, S. 21 Shutterstock, S. 24/25 Martin Siepmann/Mauritius Images, S. 45 GWI/Flora Press, S. 48 Marco Rossi, S. 50 Westend61/Mauritius Images, S. 58 Horst Sollinger/Mauritius Images, S. 60 Hans Reinhard/Mauritius Images, S. 62 Yü Lan/Fotolia · Druck und Bindung: Druckerei Theiss.

Printed in Austria
ISBN 978-3-7104-0114-5
2 3 4 5 6 7 8 9 / 19 18 17 16